MÉMOIRE

SUR LA SOLUTION

D'UN NOUVEAU PROBLÈME

PRÉSENTÉ AU CONGRÈS SÉRICICOLE

TENU A MONTPELLIER, FIN OCTOBRE 1874

PAR

AUGUSTE GUISQUET

Sériciculteur à Saint-Ambroix (Gard)

MONTPELLIER
IMPRIMERIE CENTRALE DU MIDI
Ancienne maison Gras. — RICATEAU, HAMELIN ET Cie

1874

CONGRÈS SÉRICICOLES

INTERNATIONAUX

MÉMOIRE

SUR LA SOLUTION

D'UN NOUVEAU PROBLÈME

PRÉSENTÉ AU CONGRÈS SÉRICICOLE

TENU A MONTPELLIER, FIN OCTOBRE 1874

PAR

AUGUSTE GUISQUET

Sériciculteur à Saint-Ambroix (Gard)

MONTPELLIER
IMPRIMERIE CENTRALE DU MIDI
Ancienne maison Gras. — RICATEAU, HAMELIN ET Cie

1874

HOMMAGE

A M. PASTEUR

SANS LES DÉCOUVERTES DUQUEL TOUTE NOUVELLE AMÉLIORATION EN SÉRICICULTURE ÉTAIT IMPOSSIBLE

A M. CH. VIDAL

LAURÉAT DE LA MÉDAILLE D'OR EN 1874

ET A M. HUBERT VIDAL

QUI, L'UN ET L'AUTRE, M'ONT AIDÉ DE LEUR INTELLIGENTE COLLABORATION

Je suis maître de la maladie des corpuscules, a dit M. Pasteur. Je puis la donner et la prévenir à volonté. Le problème sera donc résolu le jour où je n'aurai plus à appréhender pour mes graines la maladie des morts-flats, car il me sera alors démontré qu'il est possible de faire de la graine irréprochable par un moyen pratiquement industriel.

(Extrait d'une lettre à M. Dumas, du 20 mars 1868, vol. II, pag. 232.)

LETTRE-PRÉFACE

ADRESSÉE A QUELQUES JOURNAUX

LE 19 SEPTEMBRE 1873[1]

MONSIEUR LE DIRECTEUR,

Depuis quelque temps déjà, j'avais constaté dans mes nombreuses éducations de graines indigènes à cocons jaunes, produites par mes soins d'après les procédés pastoriens, un affaiblissement toujours croissant ; et notamment à la dernière campagne, sur vingt-six éducations, j'ai eu à enregistrer presque autant d'insuccès.

Vivement préocupé de l'avenir bien plus que du présent, j'ai dû me demander si les faits observés ne constitueraient pas une faiblesse qui, d'année en année, pourrait prendre un développement progressif.

[1] Voir *Union séricicole* du 25 septembre 1873.
Moniteur des Soies du 27 id. id.
Messager agricole du 10 octobre id.

La cause première étant devenue, par suite de mes observations de longue haleine, évidente pour moi, j'ai tourné mes idées vers la découverte d'un moyen quelconque propre à me faire discerner les bons et les mauvais reproducteurs, établissant en principe que, dans la meilleure éducation pour grainage, il existe un nombre considérable (plus considérable qu'on ne le suppose) de sujets impropres à une saine reproduction.

Partant de ce principe, et malgré les difficultés qu'a dû présenter une pareille étude, je ne me suis pas rebuté. Par un procédé particulier, je me suis sérieusement occupé de faire un triage, et d'éliminer ainsi tous les sujets dont les descendants étaient, non-seulement destinés à périr eux-mêmes, mais qui devaient encore fatalement occasionner la destruction de leurs voisins d'éducation, par l'effet si pernicieux de la contagion.

Eh bien! Monsieur le Directeur, le moyen de séparer les bonnes graines des mauvaises sans le secours du microscope, je le possède; mes études sont couronnées par le succès le plus complet: des observations toutes récentes, faites avec la collaboration de M. Ch. Vidal, l'établissent de la manière la plus concluante.

Ceci peut vous paraître empirique, j'en conviens. En sériciculture, comme dans toutes les branches de l'agriculture, bien des systèmes imaginaires ont été publiés sans résultat; mais soyez bien persuadé, Monsieur, que mon procédé est aussi mathématique que celui de M. Pasteur; il est aussi indiscutable que celui-ci, et il ne peut pécher par la base, puisqu'il repose sur une des lois les plus essentielles de la nature.

Je suis cependant bien éloigné de prétendre que les

moyens indiqués par M. Pasteur pour éviter la maladie des corpuscules soient inutiles; plus que jamais ils sont indispensables, plus que jamais ils doivent être observés. Quoique mes observations émanent de la même origine, elles n'ont en apparence rien de commun avec les indications du savant académicien. Celui-ci nous a appris à éviter les sujets pébrinés, cause d'inévitables insuccès: et moi-même, en combattant la faiblesse de la race comme cause générale, je vulgariserai un jour, je l'espère, le moyen de ne plus avoir pour hérédité dans nos éducations, ni *gras*, ni *têtes-claires*, ni *passis*, ni *flats*, tout autant de maladies provenant de l'affaiblissement des vers et transmises le plus souvent par les parents.

Je me propose, Monsieur, de vous soumettre plus tard, après de nouvelles expériences, mes procédés pour obtenir sûrement le résultat que j'ai l'honneur de vous signaler d'une manière extrêmement sommaire.

Pour aujourd'hui, je me borne à prendre date par une insertion dans les colonnes de votre estimable journal, tout dévoué aux intérêts de la sériciculture.

Recevez, Monsieur, etc., etc.

Signé : GUISQUET.

MÉMOIRE

SUR LA SOLUTION

D'UN NOUVEAU PROBLÈME

PRÉSENTÉ AU CONGRÈS SÉRICICOLE

TENU A MONTPELLIER, FIN OCTOBRE 1874

La nécessité rend industrieux.
(Proverbe du vieux temps.)

§ I

L'échec séricicole de 1873, sur généralement toutes les semences de race indigène produites en France, me démontra, jusqu'à la dernière évidence, que l'application du système Pasteur, au point de vue de la maladie des corpuscules, ne suffit pas complétement pour nous débarrasser d'un fléau dont les conséquences pourraient devenir funestes.

La pébrine était évidemment en décroissance ; mais nous ne pouvions fermer les yeux sur les progrès envahissants de tant d'autres maladies qui, dans le cours de l'éducation des vers à soie, faisaient depuis quelques années le tourment de nos populations agricoles.

Frappé d'une pareille situation, n'entrevoyant que déceptions et la ruine dans un avenir plus ou moins prochain, je dus rechercher, à l'exemple de notre grand maître en sériciculture, les moyens de prévenir ce nouveau fléau destructeur, qui prenait chaque jour de sinistres proportions.

Je dus, dès lors, me mettre en rapport avec un des collaborateurs de M. Pasteur, résidant alors à Alais ; je dus m'adresser à M. Pasteur lui-même, pour tâcher, en attirant son attention sur ce qui me préoccupait, d'obtenir des éclaircissements qu'il me paraissait que la science seule pouvait me fournir.

Je dois ici remercier M. Raulin de l'obligeance avec laquelle il nous fit part de ce qu'il avait observé, et surtout M. Pasteur, qui voulut bien se déranger un instant de ses études scientifiques pour m'adresser une lettre pleine d'intérêt [1].

---

1 Saint-Ambroix, 18 mai 1873

Monsieur Pasteur,

L'intérêt que vous portez à notre industrie séricicole me fait un devoir de vous informer de ce qui se passe dans notre contrée, au moment où nos éducations peuvent donner lieu à une appréciation sérieuse.

Les espérances que nous fondions sur la récolte actuelle ont complétement disparu, en présence d'un fléau dont il eût été difficile de prévoir par avance toute l'importance: la flacherie à la fin des éducations, et, pendant le cours de ces éducations, les vers *gras* et *passis*, ont déterminé d'une manière presque complète la perte de nos chambrées de reproducteurs et de nos chambrées industrielles, races anciennes à cocons jaunes.

C'est à ce propos que je viens vous déranger quelques instants, Monsieur, au milieu de vos études, pour vous faire part de quelques observations et vous adresser quelques questions.

Comme il n'existe jamais d'effet sans cause, nous avons dû rechercher, au milieu du désarroi dans lequel nous nous trouvons, ce qui a pu produire des insuccès aussi nombreux et sans exemple depuis l'époque où, à l'aide de votre système, nous élevons nos anciennes races.

Nous avons tout d'abord porté notre attention sur la température anormale du printemps de l'an dernier et sur l'influence que pouvaient avoir eu, sur nos éducations

Mais mes relations avec ces deux bacologues ne m'avaient fourni aucune donnée qui pût me mettre sur la voie de la résolution du problème que je m'efforçais de mener à bonne fin.

Je fus donc livré à mes propres ressources, et

---

de reproducteurs, ces dérangements climatériques, qui ont considérablement amoindri le rendement en cocons de nos petites chambrées, qui, l'an dernier, nous donnèrent, pour les mieux réussies, 1 kil. et demi de cocons par gramme de graine, tandis que, l'année précédente, nous obtenions de la même quantité de graine 2 kil. et demi. Ne voyez-vous pas dans ce phénomène un affaiblissement accidentel de la race ?

Nous avons également observé que, dans nos grainages par sélection de 1871 et 1872, nos papillons ne résistaient pas aussi longtemps après la ponte que précédemment : autre indice, me paraît-il, de l'affaiblissement de la race.

Ne croyez-vous pas, Monsieur, que nous ayons quelques dispositions à prendre, maintenant que nous possédons le moyen de mettre nos vers à l'abri des corpuscules, pour régénérer l'espèce et obtenir des reproducteurs qui nous offrent des garanties de santé ? N'avez-vous rien publié, dernièrement, de relatif à la flacherie et sur le moyen de l'éviter, ainsi que sur les autres maladies de cet insecte, qui peuvent bien avoir pour cause la faiblesse des parents ?

Enfin quels seraient, d'après vous, les indices auxquels

je me sentais faiblir sous l'infériorité d'un modeste praticien qui conservait, néanmoins, toujours l'espoir que la Providence ne permettrait pas à une de nos riches industries européennes de sombrer sous la rigidité du mot : *impossible*.

---

on pourrait reconnaître, de la manière la plus certaine, la vigueur des reproducteurs ?

Malgré l'échec de la plus grande partie de nos éducations de reproducteurs, nous possédons cependant quelques petites chambrées, exceptionnellement bien réussies, où nous pourrions trouver des sujets répondant aux indications que vous pourriez nous fournir.

Ce sera sans doute une peine pour vous, Monsieur, de porter votre attention sur un sujet de cette nature : mais je ne doute pas que vous n'ayez à cœur de compléter la grande œuvre que vous avez entreprise, et à propos de laquelle vos détracteurs sont heureux de pouvoir vous susciter sans cesse de nouvelles tracasseries.

Les graines que nous avons produites cette année dernière n'avaient pas plus de 1 pour 100 de tolérance, et elles ne donnent actuellement que des résultats désastreux : celles qu'ont produites quelques industriels de notre localité, de nos environs ou des Basses-Alpes, ne donnent pas des résultats plus avantageux.

Ne voyez-vous pas là, Monsieur, les mêmes symptômes qui précédèrent la crise séricicole de l'un des siècles derniers, pendant la durée de laquelle nos races de vers à soie furent à deux doigts de leur perte ? Car, à cette époque, on n'eut pas à combattre la maladie des cor-

Mes premières impressions avaient été consignées dans ma lettre adressée à M. Pasteur, le 18 mai 1873, mais elles n'avaient trouvé aucun écho.

---

puscules, qui n'existait sans doute pas. Que put-on faire pour opérer la régénération ? Ne vous paraît-il pas que ce qui se passait alors a quelque rapport avec le cas actuel ?

Les graines d'importation japonaise paraissent devoir faire le fondement de la récolte de cette année.

Veuillez agréer, etc.

Signé : GUISQUET.

Paris, le 24 mai 1873.

MONSIEUR GUISQUET,

Je reçois votre lettre du 18 courant, au retour d'un voyage, ce qui vous explique le retard de ma réponse.

Je ne crois pas du tout à un affaiblissement de la race: vous êtes victime des conditions climatériques et de l'influence d'un mauvais hivernage.

Je ne vois qu'un moyen d'avoir des graines vigoureuses :

1° Ne faire grainer que des cocons issus de vers très-agiles à la montée, sans mortalité de la quatrième mue à la montée ;

2° Faire des pontes isolées : prendre chaque année les meilleures et les croiser ; par là, j'entends que les mâles d'une bonne ponte seraient croisées avec les femelles d'une autre bonne ponte, afin d'éviter la mauvaise influence de la consanguinité.

Je persistai néanmoins à considérer l'affaiblissement de l'insecte sérigène comme la cause des insuccès d'éducation que je voyais se produire autour de moi, sous les noms vulgaires de *morts-flats*, de *passis*, de *têtes-claires* et de *gras*.

Les effets étant connus, il fallait remonter à la cause; il fallait faire un triage parmi les papillons producteurs de graines, séparer les faibles des vigoureux, conserver ceux qui pouvaient donner des garanties pour leur postérité et rejeter ceux qui ne pouvaient produire que de mauvaises semences.

En présence de ce diagnostic, je me suis naturellement préoccupé des moyens propres à dis-

---

Il est impossible que, par ces moyens, bien suivis pendant quelques années, vous n'arriviez à créer des races jaunes aussi et plus vigoureuses que les japonaises.

L'hivernage a une très-grande influence. Je crois qu'il faut placer les graines dans des chambres au premier étage, au nord ; il faut des variations de température très-lentes, comme en donnent de telles chambres. Voyez M. Raulin, qui est en ce moment au Pont-Gisquet.

Agréez, Monsieur, etc.

Signé : L. PASTEUR.

tinguer les faibles et les forts.................

..... Mais c'est ici que se dressait, effrayante, la difficulté.

§ II

Les conditions de longévité des papillonnes pondeuses me parurent toutes naturelles, parce que les lois de la nature indiquent que les papillonnes qui vivent le plus longtemps doivent être les plus vigoureuses, et doivent avoir une postérité certainement moins accessible aux accidents de toute sorte auxquels sont exposés les vers pendant les diverses phases de leur vie.

De plus, ma vieille pratique m'avait appris que la vie des vers malades se prolonge en raison directe de la force de leur constitution. Les plus faibles périssent à la deuxième ou à la troisième mue ; ils traînent péniblement leur existence jusqu'à la quatrième mue quelquefois, et ne la dépassent pas. Ceux qui sont plus forts arrivent à la montée ; mais, s'ils franchissent cette crise, ils meurent dans le cocon à l'état de chrysalide. Ce ne sont donc que les vers les plus vigoureux qui, après avoir filé leur cocon, produisent des chrysalides vigoureuses et, par suite, des papillons capables de donner de bonnes semences.

En partant de ce principe, je dus organiser en juin et juillet 1873, dans des locaux spéciaux de mon domaine de Fabiargues, un grainage cellulaire confectionné de telle sorte, que je pusse me rendre un compte exact des divers degrés de longévité de chaque papillonne. A cet effet, chaque toile cellule portait l'indication du nombre de jours qu'avait vécu la pondeuse, de manière à pouvoir plus tard faire un classement et poursuivre mes observations.

Voici le relevé des notes prises sur un de mes lots d'étude, donnant 556 cocons au kilog., ayant présenté au premier examen 2 p. 100 de morts dans les cocons, et n'ayant produit par gramme de graine que 1 kil. 500 de cocons :

23	papillonnes ont vécu	1 jour.
34	id.	2 id.
47	id.	3 id.
46	id.	4 id.
49	id.	5 id.
199	(à reporter)	

199 (Report.)			
74	papillonnes ont vécu	6	jours.
96	id.	7	id.
107	id.	8	id.
145	id.	9	id.
149	id.	10	id.
174	id.	11	id.
199	id.	12	id.
315	id.	13	id.
325	id.	14	id.
196	id.	15	id.
165	id.	16	id.
80	id.	17	id.
66	id.	18	id.
45	id.	19	id.
30	id.	20	id.
4	id.	21	id.
2,369	papillonnes.		

Ce lot, qui n'était pas d'une grande valeur parce qu'il avait eu des morts en chambrée, après que j'en eus rejeté 1/5 (huit jours et au-dessous), a produit néanmoins en 1874, en moyenne, 30 kil. de cocons par once de graine de 25 grammes.

---

§ III

Cette première opération étant terminée, et ayant reconnu que l'extrême limite de la vie de la papillonne est de vingt-un jours, j'ai fait 21 lots de toiles-cellules, contenant, chacun d'eux, le même nombre de papillonnes mortes au même âge.

Or quelle devra être la ligne de démarcation entre les bonnes et les mauvaises pontes ?

Ces 21 lots ont été examinés au microscope, et, comme je l'avais prévu, les papillonnes mortes jeunes ne présentaient pas, sur le champ de l'instrument, les mêmes signes que celles dont la vie avait été plus longue.

J'ai compris tout d'abord que c'était là la clef de l'énigme, et, à force d'études comparatives, je dus conclure que la longévité du papillon est une vérité mathématique capable de nous conduire à la résolution du problème.

Cependant il s'est produit quelques rares exceptions. En effet, quelques sujets morts pendant les premiers jours ont donné d'excellents champs; mais cette exception ne doit-elle pas être attribuée à quelque accident qui se serait produit sur la papillonne au moment de l'enfilage des cocons de graine, ou pendant le papillonnage, sur les chapelets ou ailleurs, et aurait ainsi abrégé sa vie?

Ce qui me fortifie dans cette opinion, c'est que ces pontes, mises à part, ont été élevées au printemps de 1874 et ont donné les mêmes résultats que d'autres lots de graines produites par des papillonnes ayant vécu de neuf à vingt et un jours. Cette éducation comparative a été faite dans le même local où j'avais fait élever, en 1869, des lots corpusculeux à divers degrés; ce qui donna lieu à mon rapport au Ministre de l'agriculture, inséré dans le Traité de M. Pasteur, vol. II, pag. 129.

Il s'est rencontré également de fort rares exceptions dans le sens inverse, du neuvième jour et au-dessus; mais il me serait impossible d'en indiquer la cause autrement que par une erreur de classement.

Il résulte de mes observations que la mortalité

est telle, jusqu'au huitième jour inclusivement, qu'il ne se produit dans ce délai que très-peu de bonnes pontes; tandis qu'à partir du neuvième jour, elles ont donné des champs presque tous purs.

Il est donc très-facile, en exerçant une surveillance très-active sur les papillonnes, de produire d'excellentes semences industrielles, en supprimant tout ce qui a vécu moins de neuf jours. C'est ainsi que nous avons opéré en 1873, et nous avons reconnu combien ce mode, extrêmement simple en lui-même, était pratique, surtout pour produire une quantité de graine limitée.

§ IV

Pour poursuivre mes expériences, j'ai élevé en 1874, en grandes chambrées, ces graines de neuf jours et au-dessus, et notamment dans deux magnaneries où je n'avais jamais obtenu aucun résultat favorable avec des graines faibles ; mes prévisions se sont complétement réalisées, et ces graines ont produit un rendement moyen de 35 kilog. par once de graine de 25 grammes[1].

De cette manière tombera le préjugé des éducateurs qui attribuent une supériorité ou une infériorité à certaines magnaneries. Sans doute le mode d'éducation contribuera toujours à obtenir un résultat plus ou moins avantageux; mais, avec de la graine certaine, on aura évidemment plus de chances de succès qu'avec une graine douteuse et de hasard.

---

[1] Voir Saint-Étienne et Mas-Rouge, lot veuve Maurin.

Mes éducations en grand ont confirmé la vérité de cette assertion, les expériences en petite éducation n'apprenant que bien peu de chose.

En effet, à plusieurs reprises, nous avons élevé des graines sujettes à étude, dans des locaux disposés pour cela et par quantité insignifiante. Ces graines ont toujours donné d'excellents résultats.

Bien persuadé que ces expériences se faisaient dans de mauvaises conditions, au point de vue de la mise en pratique, j'ai voulu en 1874, après avoir préparé des lots de graine de 5 grammes chacun, provenant de femelles ayant vécu de trois à sept jours, les élever au milieu de chambrées de dix à quarante onces, faites sous mes yeux avec des semences produites par de bons lots de cocons sélectionnés suivant mes indications; et, tandis que les chambrées donnaient des résultats de 30 à 40 kilogr. à l'once, les lots d'étude échouaient de la troisième mue à la montée, en raison de leur degré de robusticité, contrairement à ce qui s'était passé dans les éducations d'étude en laboratoire.

Je regrette de ne pas être, sur ce point, d'accord avec bien des expérimentateurs; mais, si les études en laboratoire sont utiles dans certains cas, je les rejette complètement pour les expériences en sériciculture.

Depuis dix ans je suis convaincu de cette vérité; mais, comme l'on ne saurait trop s'instruire, j'ai confié encore cette année, à la fin de l'hiver de 1874, deux échantillons de graines à un éta lissement d'essais précoces de l'arrondissement d'Alais: l'un était le produit d'une sélection de neuf jours et au-dessus, tandis que l'autre provenait des écarts. Ces deux petites éducations ont donné le même résultat, et autant de cocons l'une que l'autre.

A ce propos, je pourrais citer bien d'autres essais précoces faits depuis quelques années, au point de vue de la flacherie; et, tandis que ceux-ci donnaient des résultats remarquables en cocons, les grandes éducations, faites avec les mêmes semences, ne donnaient que des résultats désastreux.

Enfin j'ajouterai que mes 186 éducations comparatives de 1874, comprises dans plusieurs lots de valeur différente au point de vue de la longévité et des mélanges, et répandues dans un rayon considérable, m'ont convaincu, plus que n'avaient pu le faire mes expériences précédentes, de l'excellence de mon système.

Voici, en effet, le résultat incontestable de cette grande expérience, portant sur huit lots classés par ordre décroissant de rendement, et désignés sous le nom de l'éducateur de la chambrée de reproducteurs.

1° Le lot veuve Maurin, qui a servi à établir le tableau de longévité du paragraphe II, qui a été traité par la sélection de huit jours et au-dessous, et soumis au double examen des morts en cocons, sur 23 éducations a eu 21 bons résultats.

2° Le lot Tabusse, traité comme ci-dessus, sur 23 éducations, en a eu 20 bonnes.

3° Le lot Romieu, traité comme ci-dessus, sur 3 éducations, a eu 3 bons résultats.

4° Le lot Prosper, traité seulement par la sélection de longévité et non soumis au double examen des morts, a montré une faiblesse relative, provenant d'un germe latent; aussi n'a-t-il produit qu'un rendement en cocons inférieur aux trois lots précédents; néanmoins, sur deux éducations qu'il a formées, les résultats ont été assez bons.

5° Le lot Besson, soumis à la sélection de longévité, mais non au double examen des morts, et qui a produit des flats, sur 22 éducations, en a eu 18 assez bonnes.

6° Le lot Roure, traité comme le lot ci-dessus et qui a produit des *passis*, sur 26 éducations, n'en a donné que 10 assez bonnes.

7° Il avait été fait un lot de graines produites par des papillons ayant vécu huit jours fixes et élevés dans 13 chambrées ; sur ce nombre, 3 seulement ont été assez bonnes.

8° Enfin il avait été fait un dernier lot de graines pondues sur grandes toiles, ou sur les cadres d'accouplement, et provenant indistinctement de tous les lots de cocons mentionnés ci-avant. Ces graines ont fait l'objet de 73 petites éducations ; sur ce nombre, 13 seulement ont eu un résultat de hasard.

Les graines produites par les papillonnes ayant vécu moins de neuf jours, 110 onces, formant les écarts de la sélection, ont été jetées.

Les huit lots de graines ci-dessus avaient été confiés *à produit*, et sans aucune rétribution préalable, à un grand nombre d'éducateurs, à titre d'examen, au double point de vue de l'*hivernage* et de la *longévité*. J'en fournis la nomenclature détaillée à la fin de ce mémoire, pour qu'il ne reste aucun doute au sujet de mes appréciations personnelles.

§ V

En rapportant mes observations, je me suis laissé entraîner au delà des prescriptions préliminaires qui doivent présider à la préparation d'un bon grainage.

La première condition pour atteindre ce but est d'avoir à sa disposition de bonnes chambrées de reproducteurs, qui n'aient pas eu de mortalité, ainsi que l'indique M. Pasteur, de la quatrième mue à la montée. Mais malheureusement ces éducations ne peuvent être surveillées comme elles mériteraient de l'être, et nous avons appris par expérience que, guidées par un sentiment d'amour-propre mal placé, ou par d'autres motifs qu'il serait trop long d'énumérer, les personnes chargées de ces éducations font disparaître les vers morts qui se trouvent sur les tables, pour les soustraire à la vigilance des intéressés, en ignorant,

peut-être, ou feignant d'ignorer, les effets désas-
que peut déjà avoir produits la contagion.

Il faut donc rechercher un moyen propre à contrôler ce qui s'est passé pendant les éducations[1].

Or, lorsqu'il s'est produit un accident pendant les divers âges des vers, ses effets se reproduisent dans chacune des phases de la vie de l'insecte, soit à l'état de chrysalide, soit à l'état de papillon.

Il résulte de cela que, lorsqu'on a observé des *morts-flats* ou *passis* dans une chambrée, on trouvera un plus grand nombre, une plus forte proportion de chrysalides mortes dans les cocons avant la sortie des papillons, ainsi que sur les chapelets après le grainage. Et j'en retire cette conclusion, qui se rattache logiquement à mon système, que, dans un pareil grainage, la proportion des papillonnes mortes pendant les premiers huit jours sera très-considérable et donnera lieu, par suite, à beaucoup trop d'écarts.

Je vais au delà, et j'en déduis encore ceci : que les résultats d'un tel indice doivent se poursuivre

[1] Pasteur, vol. II, pag. 274.

en germes latents de maladies dont aucun autre moyen ne peut faire connaître l'existence.

Mes expériences en grande éducation de 1874 m'ont prouvé que ces observations ne sont pas une chimère.

Non-seulement les nombreux écarts sont redoutables au point de vue d'un faible rendement en graines, mais cela prouve que la famille est atteinte d'une extrême faiblesse.

C'est principalement sur ce point que j'attire toute l'attention de l'éducateur; car il est incontestable qu'une affection qui présente des signes extérieurs est moins redoutable que celle qui est cachée.

Pour préciser mon opinion sur les maladies latentes qui peuvent exister dans une famille de reproducteurs, je crois devoir mentionner ici les observations que j'ai faites sur deux lots de graine provenant chacun de chambrées qui n'avaient pas été soumises à l'examen qui doit précéder l'admission au grainage, et sur lesquelles on aurait certainement observé une notable progression croissante de morts.

Ces deux lots de graine ont fait l'objet, le premier, de 23 éducations, et le second, de 26; ils sont cités à la fin du paragraphe IV, numéros 5 et 6.

Le premier a constamment donné des *morts-flats* à la fin des éducations; il a produit dans 18 chambrées de 20 à 30 kilog. de cocons par once de 25 grammes, et a échoué dans 5 d'entre elles.

Le second lot, qui a été confié à 26 éducateurs, a présenté partout des vers *passis* dans le courant des éducations; il a produit dans 10 chambrées de 18 à 24 kilog. de cocons, et a échoué dans les 16 autres.

Je dois ajouter que ces lots ont été soumis à la sélection de huit jours et au-dessous; mais, néanmoins, les papillonnes qui ont vécu au delà de neuf jours portaient évidemment en elles un germe caché de maladie, qui s'est développé pendant les éducations de 1874.

Cela m'a prouvé, de plus, que chaque famille ayant produit ces deux lots était atteinte d'une maladie qui lui était particulière, puisque le premier lot a été ravagé par la flacherie et que le second a présenté des vers *passis* du commencement à la fin des éducations. Ce sont donc deux maladies bien distinctes qu'il importe à l'éducateur d'éviter soigneusement, en appliquant rigoureusement les principes que j'indique dans le cours de ce mémoire [1].

---

[1] Réponse à la première question posée par le programme du Congrès de Montpellier : *Les vers gattinés (petits non corpusculeux) diffèrent-ils essentiellement des vers atteints de flacherie ?*

§ VI

Les expériences rapportées au paragraphe précédent, et que chacun peut répéter au besoin, ne laissent aucun doute chez celui qui les a faites.

Ainsi donc, lorsque vous recevrez des cocons destinés à un grainage, assurez-vous d'abord que les vers qui les ont produits ont été bien nourris, et que la proportion des morts en chrysalide n'excède jamais 1 pour 100.

Pour cela, prenez 1 kilog. de cocons jaunes, ancienne race des Cévennes [1], et faites ensuite leur dénombrement, après avoir compté chaque cocon double pour deux : si le nombre ne dépasse pas 600, ou s'il ne l'atteint pas, ce qui est encore mieux, vous pouvez admettre ce lot. Ce nombre

---

[1] Je dis race des Cévennes, parce que c'est sur cette race que j'ai fait mes expériences, les autres races produisant des cocons plus lourds ou plus légers.

prouve que les vers ont été bien nourris et que, par suite, les reproducteurs doivent être vigoureux. Vous faites ensuite la proportion des morts sur ce même kilogramme de cocons, afin de vous convaincre du nombre. Il sera utile de procéder pendant trois fois à ces deux opérations, pour établir une moyenne.

Comme il arrive, le plus souvent, que l'on conserve les cocons sur les étagères pendant huit jours avant de les enfiler, il est fort utile de vérifier, à la dernière heure, si la proportion des morts n'a pas augmenté; car il arrive quelquefois que, pendant cette période, le nombre double, ce qui doit enlever toute confiance pour la graine à produire. Cela créerait d'ailleurs un prix de revient onéreux, eu égard aux trop nombreux écarts auxquels ce lot donnerait lieu; car il est inconcevable qu'un lot, même excellent, puisse contenir un nombre aussi considérable de papillonnes défectueuses, au point de vue de la régénération.

Enfin, pour preuve de l'opération que l'on vient de faire, il est également indispensable de faire, un jour après la sortie des derniers papillons sur les chapelets, une nouvelle proportion des morts;

et, si le nombre n'a pas atteint au delà du double du premier examen, on doit avoir toute confiance dans la graine produite ; à moins cependant que le nombre des morts, ou fondus, ait été trop considérable au moment de l'enfilage des cocons. Cette dernière observation perd de sa valeur par l'effet d'une suppression anormale de cocons qui ne se retrouvent plus sur les chapelets. Cela arrive toujours dans des lots ayant présenté au second examen une mortalité double du précédent. Ceci alors doit être considéré comme un mauvais pronostic, car la maladie des *morts-flats,* ou des *passis,* ne se serait déclarée ou n'aurait produit ses effets qu'en dernier lieu, au moment où la chrysalide allait se transformer en papillon.

Je n'ai pas la prétention d'assurer qu'en se conformant exactement aux prescriptions que je viens d'indiquer, on obtiendra des sujets invulnérables et à l'abri de toutes les maladies accidentelles ; mais il est cependant logique d'admettre que plus ils seront vigoureux, plus on aura de chances de succès.

Je profite de cette occasion pour recommander l'usage annuel des injections d'eau de chaux sur les murs et le mobilier des magnaneries, au moyen de seringues de serre spéciales; cette précaution ne peut en aucun cas être nuisible.

Je recommande également le mode d'aération indiqué par M. Pasteur dans son *Traité sur les maladies des vers à soie,* vol. 1, pag. 223.

---

§ VII

Après avoir exposé ce qui précède, j'indiquerai brièvement ce que l'éducateur doit faire pour produire commodément une certaine quantité de graines sans l'usage du microscope, à moins que ce ne soit pour l'examen de la chambre chaude.

La première condition, je le répète, est toujours d'avoir à sa disposition des cocons réunissant les qualités que j'ai indiquées et presque exempts de corpuscules.

Ensuite, après avoir fait confectionner un certain nombre de chevalets ayant 1 mètre 80 centimètres de longueur sur 1 mètre 80 centimètres de hauteur, munis de 8 planchettes transversales, présentant 17 cases sur leur longueur, on fixera, au moyen de 9 chevilles de fer posées sur la hauteur de chaque montant, devant et derrière, autant de fils supportant le même nombre de petites toiles que ce qu'il y a de cases, et correspondant à chacune d'elles.

Cela étant préparé, on déposera, après le désaccouplement, chaque papillonne sur la toile qui lui est destinée, en ayant soin de tenir exactement note de son âge.

On opérera comme à l'ordinaire pour l'accouplement et le désaccouplement des papillons; mais, pour éviter de perdre une certaine quantité de graine, il est indispensable de vérifier au milieu du jour si, par l'effet d'un désaccouplement naturel, quelques femelles ne pondraient pas leur graine sur la toile des cadres d'accouplement, et, dans ce cas, il faudrait les poser immédiatement sur les chevalets, la graine des cadres n'ayant aucune valeur par l'effet du mélange.

On veillera ensuite, et plusieurs fois par jour, à ce que les papillonnes ne quittent pas leurs toiles; on les remettra dessus au besoin, à moins qu'elles ne tombent mortes, ce qui est fréquent pendant la première semaine, et ainsi de suite jusqu'au matin du neuvième jour.

Il faudra alors enlever des cases toutes les papillonnes mortes, et faire soigneusement une croix au crayon sur la toile correspondante, ce qui indiquera autant d'écarts.

Les femelles vivantes pourront ensuite être jetées.

Par ce procédé de sélection de tout ce qui a vécu moins de neuf jours, on obtiendra aisément d'excellente graine industrielle[1] ; car, en supposant même que, dans le lot de cocons, il y eût une légère tolérance de corpuscules, le lot de graines n'en aurait pas une moindre valeur au point de vue industriel, attendu que le plus grand nombre des papillonnes corpusculeuses[2] périt avant le neuvième jour.

Il faut éviter d'entrer avec une lampe, ou de donner un jour trop éclatant dans le local où sont les chevalets, parce que, vers le cinquième jour, les papillonnes s'agitant beaucoup, elles pourraient changer de place, ce qui serait regrettable, en

[1] Je dis : *graine industrielle,* pour ne pas confondre avec la *graine pure,* que de longtemps encore on ne pourra faire par ce procédé, pour obtenir d'excellentes chambrées de reproducteurs.

[2] Mes études de 1874 ont porté sur la vitalité des papillonnes corpusculeuses.

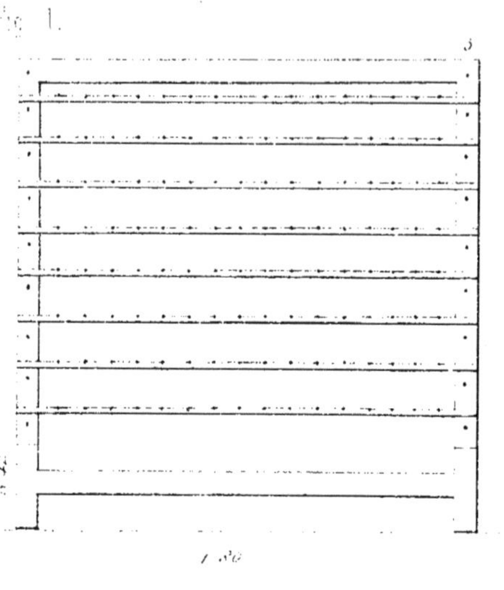

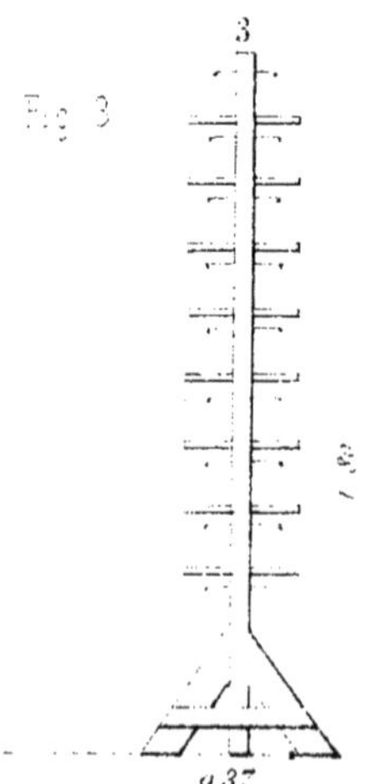

égard aux erreurs que cela pourrait occasionner.

Enfin, aussitôt que l'on aura enlevé les toiles des chevalets, il faudra les laisser suspendues, sans entassement, dans le lieu où aura été pondue la graine, pendant quelques jours, et les placer ensuite dans un lieu frais, sec, bien aéré et à l'abri des rats. Il faut journellement veiller à les préserver des attaques des hartes, en secouant les paquets de toile légèrement, pour éviter de faire tomber la graine.

Par ce moyen, tout éducateur, sans être doué d'une grande intelligence, pourra produire économiquement sa graine et s'affranchir ainsi du lourd tribut qu'il payait annuellement à l'industrie locale ou à l'étranger.

J'ai accompli un devoir. — N'incombe-t-il pas aux administrations celui de me suivre dans cette voie ? Ne serait-il pas utile de créer, dans chaque canton séricicole, quelque moyen d'instruction pour les moins habiles ? Ce procédé de grainage, quoique extrêmement simple, pourrait peut-être encore ne pas être bien compris par tous les habitants de la campagne.

Je confie ceci à la sollicitude des autorités locales.

§ VIII

J'ai à peu près terminé ce que j'avais à dire au sujet de mon système de grainage et de diverses maladies héréditaires que j'appelle, d'une manière générale, *faiblesse* ou *dégénérescence*, à l'exclusion de toute autre dénomination, puisque mes recherches ont été dirigées sur ce point.

Je désire que les sériciculteurs sachent profiter de mes avis pour produire d'excellentes semences, condition sans laquelle on doit toujours douter du succès.

Je crois avoir, en même temps, résolu le plus grand nombre des questions figurant sur le programme de notre Congrès, en indiquant le moyen de prévenir les maladies qui dérivent de la faiblesse des parents, et que les éducateurs, dans leur ignorance, ont toujours attribuées à d'autres causes.

J'ai la certitude que, lorsqu'on n'élèvera plus

que des sujets vigoureux, provenant de chambrées de reproducteurs présentant rigoureusement les conditions que j'ai indiquées, on aura peu à se préoccuper d'influences diverses, telles que hérédité, saisons, germes de l'atmosphère, qualité des feuilles consommées et nouvelles conditions de grainage. L'éducateur devra toujours veiller avec intelligence à ce qu'il ne se produise pas de grossiers accidents, dont les effets seront néanmoins beaucoup moins dangereux à l'avenir.

Quant aux questions faisant l'objet des numéros 4, 5 et 6, elles sortent du cadre de mes observations pratiques; j'en laisse donc la solution aux spécialistes qui se livrent à ces études pleines d'intérêt.

Je me borne à consigner que M. Pasteur nous a ouvert la voie, et que nous consacrerons solennellement aujourd'hui, je l'espère, le complément de sa grande œuvre.

Je ne me suis nullement occupé de la maladie des corpuscules, sous les atteintes de laquelle toute éducation doit fatalement succomber; car mon expérience m'a prouvé qu'une éducation bien conduite, avec de la graine douteuse provenant de papillonnes faibles, quoique non corpusculeuses, peut donner un résultat de hasard, tandis qu'il est impossible d'en arriver à ce point avec de la graine produite par des papillonnes corpusculeuses à un certain degré.

Il ne m'appartient pas d'empiéter sur le domaine du savant bacologue qui nous a conduits, par son exemple, dans la voie du progrès ; ce qui a été écrit par lui est frappé au sceau de la plus stricte exactitude, et nous devons nous estimer heureux de pouvoir faire de ses découvertes le fondement de toute nouvelle œuvre profitable à la sériciculture.

Je dois même ajouter que, grâce au soin que l'on met à n'élever ces années-ci que des graines non corpusculeuses, la pébrine devra bientôt disparaître ; les observations faites sur la récolte de 1874 me le prouvent ; et, si cette maladie n'était entretenue par les semences japonaises d'importation, d'ici à bien peu de temps elle n'existerait certainement plus.

« Je suis maître de la maladie des corpuscu- » les, a écrit M. Pasteur : je puis la donner et » la prévenir à volonté. Le problème sera donc

» résolu le jour où je n'aurai plus à appréhender
» pour mes graines la maladie des *morts-flats;* car
» il me sera alors démontré qu'il est possible de
» faire de la graine irréprochable par un moyen
» pratiquement industriel. »

C'est pénétré de cette idée que je n'ai pas hésité, dans une circonstance où tant d'hommes éminents en sériciculture sont réunis en Congrès, à livrer à la publicité une pratique si profitable aux éducateurs de vers à soie, pour qui cette récolte n'est le plus souvent qu'un leurre et une occasion de pertes irréparables.

Si les chiffres rapportés par un député du Midi, lorsqu'en juillet dernier il a déposé sur le bureau de l'Assemblée un projet de loi tendant à la création d'une récompense nationale de 500,000 fr. en vue du problème à résoudre, et ensuite par l'honorable secrétaire du Comice du Vigan, dans une note du 18 juin dernier ; si ces chiffres, dis-je, sur l'appréciation des récoltes de cocons depuis environ vingt-cinq ans, sont exacts, et s'il est vrai que la France produisait en moyenne, avant l'invasion du fléau, *25 millions de kilog.* de cocons frais chaque année, tandis qu'elle n'en produit actuellement que *8 à 9 millions de kilog.*, je ne crains pas d'annoncer qu'en se conformant aux prescriptions qui font l'objet de ce Mémoire, on dépassera l'ancienne production d'une manière sensible.

Dans un rapport présenté à l'Académie des sciences le 16 février 1857, M. Dumas, son secrétaire perpétuel, évalue le rendement de l'once de graine de 25 gram., aux époques prospères de la sériciculture, à une moyenne de moins de 18 kil., puisqu'il considère ce chiffre comme un maximum [1].

Si donc nous sommes fondé dans nos appréciations, et que nous ayons trouvé le moyen de faire produire à l'once de graine plus de 30 kilog. en grande éducation, nous arriverions ainsi à une production totale de *33 millions de kilog.* de cocon par an, soit de deux tiers supérieure aux récoltes actuelles de la France, ou tout au moins à l'ancienne production; car il faut bien tenir compte des accidents, qui seront moins fréquents cependant, mais qui peuvent survenir pendant les éducations.

---

[1] Pasteur, vol. Ier, p. 309.

§ IX

Je ne me dissimule pas qu'on attribuera bientôt au hasard la disparition de la pébrine ; nous savons également que ce que je viens de consigner ici donnera lieu à beaucoup de doutes et certainement à beaucoup d'attaques. Le sujet est trop élevé pour que son auteur se préocupe de mesquines tracasseries : il me faut les honneurs du triomphe, ou sinon tomber sous le coup du ridicule. J'en accepte volontiers les conséquences, attendant avec confiance le jugement des faits accomplis.

Pourquoi donc alors me retrancherais-je dans une modestie coupable, et paralyserais-je ainsi l'élan que je veux moi-même provoquer ? M'attribuera-t-on pour cela la prétention d'être un Descartes ou un Newton, alors que je n'ambitionne que de rester dans ma sphère de simple observateur ?

Et pourquoi ne me serait-il pas permis de mesurer l'importance de mon sujet par l'autorité des chiffres, dans un siècle aussi positif que le nôtre ?

Non, je ne crains pas d'être victime d'une illusion, ni faire acte de témérité, en affirmant que, sans les études de M. Pasteur, la France, qui produit annuellement dé 8 à 9 millions de kilog de cocons, verrait bientôt cette belle industrie réduite à néant, et lorsque j'avance que, à l'aide des procédés que je viens de vulgariser, mon pays verra bientôt tripler sa production nationale et grandir la prospérité des classes laborieuses du Midi.

Ainsi pour la France, qui, d'après la statistique publiée par le *Moniteur des Soies,* dans son numéro du 23 mai dernier, produit actuellement *8 millions* de kilogr. de cocons, qui, à 5 fr. le kilog., donnent un résultat de *40 millions* de francs[1], et en supposant que nous revinssions seulement à l'ancienne production, nous nous trouvons en présence d'un accroissement de récolte qui se chiffre par *80 millions de francs,* bien entendu pour la France seulement.

Autre solution : si le document que j'ai sous les

---

[1] 550,000 × 14 = 7,700,000 × 5 = 38,000,000.

yeux est exact, et qu'il faille actuellement environ 800,000 onces de graines exotiques ou indigènes pour les éducations de la France, et que le produit soit de 8 millions de kilogr. de cocons, il en résulte un rendement moyen de 10 kilogr. par once, en marchandise de toute nature et souvent inférieure, puisque la race japonaise a dominé ces années passées. Si donc nous élevons la production à *24 millions* de kilogr., qui est l'ancien chiffre, et le résultat d'un rendement moyen de 30 kilogr. par once, nous avons un excédant de *16 millions* de kilogr. de cocons, ce qui représente le même chiffre que ci-avant : *80 millions de francs.*

Je n'ai aucun doute au sujet de la production en cocons, qui sera triplée, ou tout au moins doublée, d'ici à peu d'années ; mais il est un point sur lequel chaque éducateur trouvera un avantage immédiat. Ainsi les graines se payent actuellement, en moyenne, 25 fr. les 25 grammes, tandis qu'on pourra les obtenir, au moyen de mon procédé, à moins de 5 fr. Or il est établi que, en 1874, il a fallu pour les éducations de la France environ *800,000 onces de graines* exotiques ou indigènes. Si vous multipliez ce chiffre par le facteur 20, qui représente le minimum d'économie que pourra faire l'éducateur sur chaque once de graine, vous obtiendrez le résultat approximatif de *quinze à vingt millions de francs*, profit réalisable à bref délai, et fort également réparti, puisqu'il s'agit d'un rayon relativement fort restreint.

Et, si nous admettons que cette crise soit commune aux autres contrées séricicoles de l'Europe, et surtout à l'extrême Orient, qui exerce une immense part d'influence sur le grand marché du Monde, puisqu'il produit à lui seul plus de soie que toute l'Europe, nous arrivons par le même calcul, en tenant cependant compte de la nature apathique de ces populations, l'Italie et autres parties de l'Europe exceptées, et en ne faisant que doubler les récoltes actuelles de ces contrées, à un chiffre effrayant de surproduction, à *600 millions* de francs en chiffres ronds.

Mais, avec un peu de bonne volonté à atteindre les extrêmes et en abusant un peu de la souplesse des chiffres, je pourrais arriver aisément au milliard de surproduction annuelle [1].

---

[1] Étant admis que la quantité de soie produite par le

Je m'arrête ici, car déjà on m'accuse d'exagération ; et cependant je ne fais que reproduire, avec leurs conséquences, les chiffres donnés par l'organe le plus autorisé en cette matière, le *Moniteur des Soies*.

Au pays maintenant à apprécier l'importance du service rendu.

Quoi qu'il advienne, je ne puiserai de vraie consolation que dans cette pensée : que j'ai eu l'intention, en sacrifiant généreusement mon intérêt personnel, comme éducateur important du midi de a France, de faire faire un nouveau pas à une industrie qui m'est chère, renvoyant à plus tard le complément de mes études sur un sujet aussi intéressant.

---

monde entier soit de 8 millions de kilogr.; en multipliant ce chiffre par 14, rentrée moyenne en cocons frais, on obtient actuellement 112 millions de kilogr. de cocons ; et, en multipliant ce nouveau chiffre par 5, prix moyen du kilogr. de cocons jaunes pour l'avenir, on obtiendra un résultat total de 560 millions de francs de surproduction, en ne faisant que doubler ; mais, si l'on triple la production actuelle, on obtiendra un résultat supérieur à 1 milliard.

$8,000,000 \times 14 = 112,000,000 \times 5 = 560,000,000$

Ce ne sera donc pas la dernière étape dans les améliorations de ce genre, j'ose l'espérer.

Je convie à cette grande œuvre les praticiens de toutes les contrées séricicoles ; le champ du progrès est si vaste, les intelligences si fécondes, qu'il ne faut jamais désespérer de l'avenir.

Ainsi donc, Cévenols et Vivarais, mes voisins, mes compagnons d'infortune, relevez votre courage abattu par tant d'épreuves. Cultivez avec confiance l'arbre à soie ; lui seul peut nourrir vos familles et vous procurer le bien-être. C'est à votre relèvement que je dédie ces quelques pages.

Montpellier, le 30 octobre 1874.

ÉNUMÉRATION DES ÉDUCATEURS

Des huit lots désignés au § IV

Lot veuve Maurin

ÉDUCATEURS	RÉSIDENCE	ONCES élevées	RENDEMENT par ONCE
Bérard, Louis.	Chandolas.	3	28 k.
Chalbos, veuve.	Les Vans.	1	21
Daygalliers	St-Brès.	2	34
Fabrégat frères.	St-Ambroix.	3	25
Guisquet, Auguste.	St-Étienne.	10	31
id.	Bergerie.	10	29
id.	Mas-Rouge.	8	38
id.	Guinguette.	2	41
id.	Clapouses.	8	40
Guilhaumon.	St-Paul.	2	37
Guiraud, Louis.	St-André.	2	0
Hugon, Ernest.	Vallon.	1	31
Mathieu, Alexis.	Bonnevaux.	1	19
Pellequier, Louis.	St-Victor-la-Coste.	1	41
Pansier aîné.	St-Pierre.	1	0
Payan, Gaston.	St-Sauveur.	12	27

ÉDUCATEURS	RÉSIDENCE	ONCES élevées	RENDEMENT par ONCE
Peyric. Adrien.	St-Brès.	3	33 k.
Ricard. Henri.	Vigan.	2	47
Richard, aîné.	St-Brès.	3	24
Ramin, Casimir.	Chandolas	2	31
Saumelin, François.	St.-Ambroix	2	35
Teulon, Henri.	Valleraugue.	2	28
Villard, Louis.	Planzolle	2	27
	Lot Tabusse		
Claudon.	St-Ambroix.	2	42
Colançon.	St-Paul.	3	38
Chamboredon.	St-Paul.	2	33
Chalvet, Jean.	St-Alban.	10	0
Dumas, filateur.	St-André.	1	27
Guisquet, Aug.	Laroque.	12	37
id.	Valoubières.	11	34
Galdin, Édouard.	St-Brès.	3	33
Jaussand. Joseph	St-Paul.	6	45
Marcy. Antonin.	St-Paul.	2	39
Martin, Adrien.	St-Ambroix.	2	23
Privas, Isidore.	St-Sauveur.	1	0
Rieutord. Trafin.	St-Paul.	2	40

ÉDUCATEURS	RÉSIDENCE	ONCES élevées	RENDEMENT par ONCE
Robert, Jean.	St-Paul.	2	26
Reynouard.	Joyeuse.	3	0
Roure, Lauriston.	St-Ambroix.	12	41
Troulhas, Aug.	St-Paul.	2	35
Thibon. Aug.	St-Paul.	3	23
Thoulouze, Aug.	St-Paul-la-Gadilhe.	3	28
Teissier, Marcelin.	St-Paul.	1	31
Thoulouze aîné.	St-Paul-Montaresse.	3	36
Vidal, Hubert.	St-Ambroix.	6	45
Vallat, B.	St-Sauveur.	2	22
	Lot Romieu		
Cellier, Emilien.	St-André.	2	29
Guisquet, Aug.	Mas Pouget.	29	35
Graffand, maire.	St-André.	4	15
	Lot Prosper		
Guisquet. Aug.	Fabiargues.	34	28
id.	Vigier.	7	21
	Lot Besson		
Chartellière.	St-Andéol-de-Bourleng	5	0
Chambon.	Malarce.	1	15
Domergue.	Fabiargues.	2	27

ÉDUCATEURS	RÉSIDENCE	ONCES élevées	RENDEMENT par ONCE
Ducros.	St-Etienne.	1	28
Dubois, Henri.	La Bastide.	1	30
Dusserre.	Vallenbières.	1	20
Guisquet, Aug.	Plan des Aires.	30	24
id.	Vigier.	1	25
id.	Chassagne.	1	18
Huguet, charron.	Vézenobres.	2	23
Jallès.	Chassagne.	3	18
Jaussand, François.	St-Ambroix.	2	21
Jourdan. Louis.	St-André.	1	0
Lacroix, Henri.	St-André.	1	21
Méjean.	Vézenobres.	2	33
Nadal, Jean.	Lablachère.	4	23
Privat fils.	Drôme.	1	0
Pugnière.	Joyeuse.	1	0
Paulet, François.	St-Ambroix.	1	25
Roux, Hyp.	Vézenobres.	3	33
Silhol, Félix.	Vézenobres.	10	28
Silhol, J. Ve.	St-Ambroix.	10	22
Vernède. Firmin.	Comps.	2	28

ÉDUCATEURS	RÉSIDENCE	ONCES élevées	RENDEMENT par ONCE
	Lot Roure		
Blachère, Victorin.	Vals.	1	6
Bauquier, Hyac.	Les Mages.	1	25
Bourguet.	St-Brès.	3	0
Champetier.	Pleu.	1	0
Chabaud, Aug.	Salles-de-Ganières.	1	26
Champetier, Prosper.	Bouc.	1	0
Darasse, Victor.	Rosières	1	6
Damon, Théodore.	Joyeuse.	1	0
Deleuze, maire.	Pleu.	1	0
Dalverny.	Rouret.	2	3
Guisquet, Aug.	Berguerolle.	9	17
id.	Bosquet.	1	20
id.	Moulinet.	8	19
id.	Rochegude.	4	2
id.	Auzon.	4	0
id.	St-Denis.	4	13
id.	Joyeuse.	3	0
id.	Blancarde.	1	27
id.	St-André.	1	25
Lavie, Clément.	Barjac.	4	0

ÉDUCATEURS	RÉSIDENCE	ONCES élevées	RENDEMENT par ONCE
Martrait, Ant.	Bérias.	1	5
Peyric, Ant.	St-Brès.	4	25
Pontet, Aug.	Peyremalle.	1	10
Peyric fils.	St-Brès.	1	0
Thoulouze.	Aubenas.	2	0
Villard, Paul.	Larochette.	1	25
	Lot de 8 jours		
Bérard. Paul.	Chandolas.	2	6
Barry, Aug.	St-Ambroix.	2	8
Chalvet, Jean,	St-Alban.	7	0
Courbier, Thomas.	St-Alban.	2	0
Dubois. Henri.	Labastide.	3	17
Gadilhe. Fréd.	St-Alban.	1	27
Gourdon. Pallière.	St-Alban.	1	23
Lacroix, Paul.	St-Alban.	1	0
Lourdin, Etienne.	St-Alban.	3	0
Pellet, Jean.	St-Géniez.	2	0
Quittard, François.	St-André.	1	0
Raymond. Aug.	St-Alban.	1	0
Tourre, Basile.	St-Alban.	4	0

ÉDUCATEURS	RÉSIDENCE	ONCES élevées	RENDEMENT par ONCE
Grandes toiles mélange			
Allier, veuve.	Vielvic.	3	0
André, J.-Bapt.	Vielvic.	1	0
André, Henri.	Vielvic.	3	0
André, Jean.	Mas-de-la-Tourelle.	1	22
Barrès, Emile.	Pazanan.	2	0
Bruneau.	Pazanan.	1	0
Brun, Baptiste.	St-Paul.	1	19
Biallet.	Assions.	1	0
Besset, Louis.	St-André.	2	6
Balazuc, Michel.	Joyeuse.	1	0
Barbut, Simon.	Ribes.	1	0
Bouschet, Ad.	Vielvic.	1	0
Chamboredon.	St-Paul.	2	10
Chevalier.	Notre-Dame.	1	0
Champetier.	St-Géniez.	2	0
Caster, Adrien.	Vielvic.	1	0
Castanier, Lucien.	Vielvic.	2	0
Costès, Joseph.	Vielvic.	2	0
Chardès, Louis	Vielvic.	1	0
Chazal, Aug.	Vielvic.	1	0

ÉDUCATEURS	RÉSIDENCE	ONCES élevées	RENDEMENT par ONCE
Costier, Jean.	Vielvic.	1	0
Chazal, Jean.	Planzolle.	1	0
Chambon.	Malarce.	2	15
Deschanel, Louis.	Lablachère.	2	0
Dussargue.	Lablachère.	1	0
Dupuy, Jean.	Lablachère.	1	0
Deschanel.	Notre-Dame.	2	0
Deleuze, Aug.	Larnac.	1	4
Dugas, Achille.	St-Paul.	3	19
Delenne, Frédéric.	Chassagne.	1	17
Dussand, François.	Benquet.	3	0
Ducros, Aug.	Chandolas.	1	0
Feyssel, Joseph.	Lablachère.	1	0
Falguerolles.	Vielvic.	2	0
Fabrègue.	Aigaise.	3	0
Fabre.	Payzac.	1	0
Galtier, François.	Vielvic.	1	0
Galtier, Ferdinand.	Vielvic.	1	0
Gourdon, Simon.	Gravière.	1	0
Gervais, Félix.	St-Paul.	1	14
Gaudo, Louis.	Ruoms.	2	0

ÉDUCATEURS	RÉSIDENCE	ONCES élevées	RENDEMENT par ONCE
Hours, Frédéric.	Malbos.	2	30
Hugue.	Roquemaure.	3	25
Haumazer.	Saldières.	1	0
Jacques, Alex.	Vielvie.	1	0
Imbert, Joseph.	Lablachère.	2	0
Jouanen.	Lingranaire.	1	0
Lapierre, Joseph.	Vielvie.	1	0
Lavie.	Lablachère.	1	0
Lac, Louis.	Lablachere.	1	0
Lacroix, Henri.	Eyrolette.	3	0
Manifacier.	Lablachere.	1	0
Mourrier, Cyprien.	Lingranaire.	1	0
Maurin, veuve.	Vielvie.	2	0
Martin.	St-Paul.	10	0
Michel.	St-André.	3	0
Perrier, Louis.	Lablachère.	2	0
Pascal	Lablachère.	3	0
Ponce, Alex.	Lingranaire.	2	0
Pellequier Jean.	Assions.	2	17
Pellequier, Joseph.	Assions.	2	24
Pascal, François.	Assions.	1	15

ÉDUCATEURS	RÉSIDENCE	ONCES élevées	RENDEMENT par ONCE
Piton, Jean-Baptiste.	Vielvie.	1	0
Privas, fils	Drôme.	1	0
Pialiat, Jean	Larnac.	1	0
Piaton, Joseph.	Larnac.	1	19
Roche, veuve.	Lablachère.	2	0
Rivière, Joseph.	Lablachère.	2	0
Sautel.	Lingranaire.	1	0
Saut, Justin.	St-Paul	2	0
Teissier, François.	Vielvie.	5	0
Teissier, Marcelin.	St-Paul.	1	15
Veraède, Mère	Comps.	1	0

(*Voir, au verso, la Récapitulation.*)

RÉCAPITULATION

Nos	ÉDUCATEURS	ÉDUCATIONS	ONCES	COCONS	RENDEMENT par ONCE
1	Veuve Maurin.	23	83	2550	30,70
2	Tabusse.	23	92	2898	31,50
3	Romien.	3	35	1133	32,35
4	Prosper.	2	41	1099	26,80
5	Besson.	24	86	1911	22,22
6	Roure.	26	62	646	10,40
7	8 jours.	13	30	89	3,00
8	Toiles.	73	125	471	3,70
	Totaux......	186	554		

LES EXEMPLAIRES VOULUS PAR LA LOI
ONT ÉTÉ DÉPOSÉS

www.ingramcontent.com/pod-product-compliance
Ingram Content Group UK Ltd.
Pitfield, Milton Keynes, MK11 3LW, UK
UKHW020356180726
13839UKWH00003B/1141